Bibliografische Information der Deutschen Nationalbibliothek:

Die Deutsche Bibliothek verzeichnet diese Publikation in der Deutschen National-
bibliografie; detaillierte bibliografische Daten sind im Internet über http://dnb.d-
nb.de/ abrufbar.

Impressum:

Copyright © 2018 GRIN Verlag
Druck und Bindung: Books on Demand GmbH, Norderstedt Germany
ISBN: 9783668846197

Elena Schreer

Kommerzieller Holzeinschlag im Amazonas Einzugsgebiet

GRIN Verlag

Universität zu Köln

Math.-Nat. Fakultät

Geographisches Institut

Mittelseminar: Ökozonen der Erde und ihre wirtschaftliche Inwertsetzung

SoSe 2018

Immerfeuchte Tropen

Kommerzieller Holzeinschlag im Amazonas Einzugsgebiet

Elena Schreer

Bachelor Lehramt Gym/Ge, SoSe 2018

Abgabetermin: 01.09.2018

Inhaltsverzeichnis

Abbildungsverzeichnis

Abkürzungsverzeichnis

Abb.   = Abbildung

Ebd.   = Ebendort

Etc.   = Et cetera

FSC   = Forest Stewardship Council International Center GmbH

IBAMA = Instituto Brasileiro do Meio Ambiente e dos Recursos Naturais Renováveis

IPCC   = Intergovernmental Panel on Climate Change

INPE   = Istituto National de Pesquisas Espicias

IUCN   = Internationale Rote Liste der Weltnaturschutzunion

Kap.   = Kapitel

PPCDAM = Action Plan for Prevention and Control of the Legal Amazon Deforestation

RCP   = Representative Concentration Pathway

WBGU = Wissenschaftlicher Beirat der Bundesregierung Globale Umweltveränderung

<u>**1. Einleitung**</u>

Der Regenwald im Amazonas bildet das größte tropische Urwaldgebiet der Welt (FATHEUER 2017:2). Das Ökosystem des Regenwaldes reguliert das Klima der gesamten Erde und fungiert als Luftfilter für die Atmosphäre. Umso gravierender sind die Auswirkungen der anthropogen verursachten Zerstörung der Regenwälder, die sich auf den globalen Maßstab auswirken.

Der kommerzielle Holzeinschlag zur Gewinnung von Stammholz ist einer von vielen Ursachen für die Vernichtung der Regenwälder. Durch eine nicht nachhaltige Waldbewirtschaftung und illegalen Holzeinschlag werden Wälder degradiert. Die dabei entstandenen Forstwege werden häufig als Grundlage für weitere Rodungsaktivitäten von nachrückenden Pioniersiedlern genutzt, was weite Waldzerstörungen nach sich zieht (GEBHARDT et al. 2013: 1256).

Im Rahmen der Hausarbeit sollen folgende Leitfragen beantwortet werden: „Inwieweit beeinflusst die Abholzung des Amazonas-Regenwaldes das globale Klima und den Klimawandel?" „Welche Maßnahmen können gegen die Entwaldung Amazoniens ergriffen werden?" „Inwieweit ließe sich eine nachhaltige Holzwirtschaft in Amazonien realisieren?"

Um diese Fragen zu beantworten, sollen zunächst die Wechselwirkungen zwischen dem tropischen Regenwald und dem Klima herausgearbeitet werden. Dazu werden insbesondere die Stoffkreisläufe des Regenwaldes analysiert (Kap. 2). Daraufhin kann untersucht werden, welche Folgewirkungen die kommerzielle Holzwirtschaft und die damit verbundene Entwaldung des Regenwaldes auf das Ökosystem nehmen. Dabei soll insbesondere auf den illegalen Holzeinschlag in Brasilien eingegangen werden (Kap.3). Im nächsten Schritt werden die Auswirkungen der Regenwaldzerstörung im Amazonasgebiet auf regionaler und globaler Ebene diskutiert (Kap. 4). Abschließend werden die anfangs gestellten Leitfragen beantwortet und Ansätze diskutiert, inwieweit sich eine nachhaltige Holzwirtschaft in Amazonien realisieren ließe. In einem Abschließenden Fazit werden die maßgeblichen Erkenntnisse noch einmal zusammengetragen und ein möglicher Ausblick vorgenommen (Kap. 5).

2. Der Amazonas-Regenwald

Der Amazonas-Regenwald ist eine natürliche Waldformation, die dem etwas unscharfen Sammelbegriff *tropischer Regenwald* zuzuordnen ist. Allgemein wird zwischen dem immergrünen tropischen Regenwald, dem tropischen Feucht- und dem tropischen Trockenwald unterschieden (GEBHARDT et al. 2013: 1256). Bestimmt werden die unterschiedlichen Waldformationen von der Nähe zum Äquator (dem planetarischen Formenwandel) und der Höhe (dem hypsometrischen Formenwandel) (ebd.).

Der Begriff *Amazonien* beschreibt das Amazonasbecken, welches Teile Brasiliens, Kolumbiens, Ecuadors, Boliviens, Perus, Venezuelas, Französisch Guayanas, Surinams und Guayanas umfasst. Mit einer Gesamtfläche von ca. sieben Millionen km² bildet Amazonien das größte Tropenwaldgebiet und Süßwasserreservoir der Welt und verzeichnet die weltweit größte Biodiversität (FATHEUER 2017: 2).

2.1 Klima und Stoffkreisläufe

Der Amazonas-Regenwald liegt in den Klimaten der Immerfeuchten Tropen (Abb.1). Dieses Klima ist geprägt von einem thermischen und solaren Tageszeitenklima. Das bedeutet, die Tagesamplituden sind erheblich größer als die Jahresschwankungen und es herrscht eine gleichbleibend stark positive Strahlungsbilanz (SCHULZ 2016: 285).

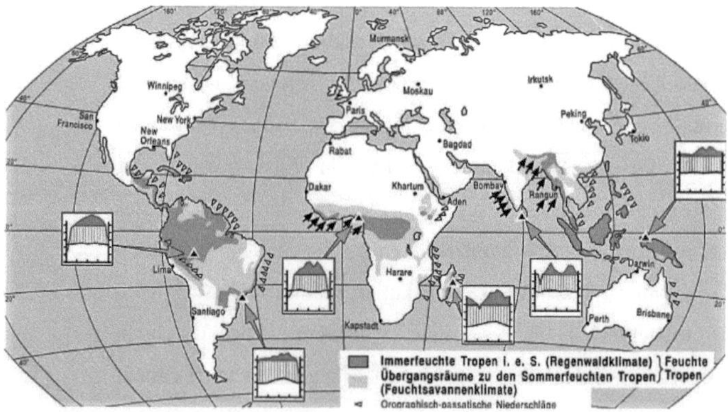

Abb. 1 Immerfeuchte Tropen (SCHULZ 2016: 284)

Im Folgenden sollen der Wasser- und Kohlenstoffkreislauf, sowie der Strahlungshaushalt in tropischen Regenwäldern kurz erläutert werden. Diese Mechanismen sind aufgrund ihres rückwirkenden Einflusses auf das regionale und globale Klima für den Klimawandel von großer Bedeutung.

Insgesamt fallen im Amazonas-Regenwald während den fast täglich auftretenden Regenfällen und Gewitterschauern 2000 - 4000 mm Niederschlag pro Jahr. Davon evapotranspirieren mehr als 1000 mm Wasser über die Oberfläche der Blätter und werden direkt wieder in den Wasserkreislauf integriert. Der übrige Teil verbleibt im Boden und dem Organismus der Pflanzen (GEBHARDT et al. 2013: 250).

Die Sonnenenergie bewirkt über die Stomata der Blätter eine Transpiration, wodurch Wasserdampf als latente Wärme freigesetzt wird. Durch die geringere Luftdichte steigt die warme feuchte Luft zunächst auf, bevor sie in höheren Luftschichten abkühlt und kondensiert. Dort kommt es zur Wolkenbildung. Die Lufttemperatur des Taupunktes wird dabei unterschritten und die übersättigte Luft wird in den flüssigen Aggregatzustand überführt. Es kommt erneut zum Niederschlag. (ebd.: 250).

Das Klima im Inneren des Regenwaldes unterscheidet sich stark von dem des Kronendachs. Das Sonnenlicht wird am Waldboden bis auf 1 bis 3 % abgeschwächt, die Tagesamplituden schwanken nicht so stark und insgesamt herrschen ausgeglichenere Lufttemperaturen (SCHULZ 2016: 286 f.). Die bestehenden Baumbestände haben eine abkühlende Wirkung auf die sie umgebende Luftatmosphäre und sorgen durch eine beständig hohe relative Luftfeuchtigkeit von bis zu 100% für Wolkenbildung und hohe Niederschlagsraten. Durch die geringen Windgeschwindigkeiten kann sich das bei der Bodenatmung freigesetzte Kohlendioxid anreichern. Im Inneren des Waldes entstehen dadurch CO_2-Konzentrationen von über 450 ppm (ebd.: 286). Ein Landökosystem wie dieses wird aufgrund seiner hohen CO_2-Speicherkapazität daher auch als *Kohlenstoffsenke* bezeichnet und trägt in seinem natürlichen Zustand zur Reduzierung von CO_2-Emissionen in der Atmosphäre bei. Alleine im Amazonasgebiet sind rund 8% des weltweit in der Atmosphäre gebundenen Kohlenstoffs gespeichert (KASANG 2017).

Das Wechselspiel von Kohlenstoff- und Wasserkreislauf wird primär durch die Vegetation beeinflusst. Durch die Aufnahme von Kohlenstoff, das Absterben von Pflanzen und den Transfer von Kohlenstoff in die Böden, reguliert die Vegetation den CO_2-Gehalt der Atmosphäre. Die verstärkte Verdunstung beeinflusst zudem den Wasserdampfgehalt der Atmosphäre. Die Wurzeln der Pflanzen schaffen ein effizientes Transportsystem, mit dem sie das Wasser der gesamten durchwurzelten Bodenzone in Form von Wasserdampf über die Blätter in die Atmosphäre transferieren. Durch die erhöhte Luftfeuchtigkeit kommt es zu verstärkten Niederschlägen, was wiederum verstärkt zu Vegetation führt. Auch der O_2-Gehalt der Atmosphäre wird maßgeblich durch die Photosynthese der Pflanzen reguliert. Vegetationsrückstände werden wiederum von Destruenten zu CO_2 veratmet. Somit schließt sich der Kohlenstoffkreislauf (GEBHARDT et al. 2013: 1190). Bei der Waldrodung wird das im Regenwald gespeicherte Kohlendioxid unmittelbar (bei Brandrodungen) oder verzögert (nach dem Export der Stammhölzer) freigesetzt und wieder in die Atmosphäre abgegeben. Das Abholzen der Wälder hat demnach nicht nur zufolge, dass der in der Atmosphäre befindliche Kohlenstoff nicht mehr gespeichert und reduziert werden kann, sonder sogar zusätzlich Kohlenstoff freigesetzt wird, welches das globale Klima belastet.

Die natürliche Regulierung der Treibhausgase spielt bei der Stabilisierung des Erdsystems eine besondere Rolle. Die von der Erde wieder abgestrahlte Energie der Sonnenstrahlung liegt nach dem Wien'schen Verschiebungsgesetz im Bereich des fernen Infrarots (GEBHARDT et al. 2013: 244). In diesem Spektralbereich haben einige Gase wie Kohlendioxid, Methan, Distickoxid, Ozon und verschiedene Fluorchlorkohlenwasserstoffe eine besonders starke Absorptionswirkung. Die langwellige Ausstrahlung der Erdoberfläche wird aufgrund dieser Gase zu einem gewissen Teil schon in der Atmosphäre absorbiert. Dieser Prozess, der als *natürlicher Treibhauseffekt* bezeichnet wird, sorgt dafür, dass auf der Erde eine durchschnittliche Temperatur von +15 Grad Celsius herrscht. Ohne den natürlichen Treibhauseffekt lägen die durchschnittlichen Temperaturen bei -18 Grad Celsius. Erhöhte Treibhausgasemissionen verändern jedoch die Strahlungsbilanz auf der Erde. Die von der Erde abgestrahlte Energie wird zum größten Teil von Spurengasen absorbiert und verursacht so eine schleichende Klimamodifikation. Als Folge erhöht sich die globale Mitteltemperatur der Erdoberfläche um mehrere Grad Celsius (ebd.). Wälder haben eine sehr geringe Albedo und absorbieren einen Großteil der einfallenden Sonnenstrahlung. Eine zunehmende Entwaldung der Erdoberfläche hätte demnach eine stärkere Reflektion der Sonnenstrahlung und demnach eine abkühlende Wirkung zufolge. Aufgrund der Freisetzung von CO_2 würde eine großflächige Entwaldung jedoch trotz höherer Reflektionsstrahlung zunächst eine atmosphärische Erwärmung verursachen (KASANG 2017).

1.2 Kommerzieller Holzeinschlag im Amazonaseinzugsgebiet

Die Regenwälder der großen tropischen Becken sind geprägt von destruktiver Holznutzung. Die Zerstörung der Waldbestände geht auf eine Kombination aus Ausweitung von Agrarland und Wohngebieten, traditionellem Wanderfeldbau sowie kommerzieller Holzwirtschaft zurück.

> „Zahlreiche Studien machen ein komplexes Faktorenbündel aus wachsender Armut, steigendem Energiebedarf und Profitstreben für die anhaltende Rodung verantwortlich, die trotz internationaler Protestnoten im Zuge globaler Klimaveränderungen unverändert hoch ist." (SPREITZHOFER 2003: 94).

Die großen Wälder der Erde gehören zu den Schlüsselressourcen der Weltwirtschaft. Der kommerzielle Holzeinschlag ist ein Verursacher der Regenwaldzerstörung Amazoniens, auf den im Folgenden näher eingegangen wird. Die Tropenhölzer des Amazonasbecken werden in erster Linie von den Industriestaaten Europas, Nordamerikas und Japans nachgefragt (GEBHARDT et al. 2013: 1256).

Insbesondere das brasilianische Amazonien galt als eine der letzten Siedlungsgrenzen Südamerikas. Seit den 1970er-Jahren entwickelt sich die Region jedoch in großem Ausmaß. Die natürlichen Rohstoffe werden heute durch kleinbäuerliche Agrarkolonisation und große Rinderfarmen ausgebeutet. (COY & NEUBURGER 2002: 14). Zehntausende landlose Migranten wanderten über die 2010 fertig gestellte Fernstraße *Transoceánica*, die die Atlantik- und Pazifikküste Südamerikas auf

Äquatorhöhe miteinander verbinden sollte, in die Waldgebiete. Der Bau hatte hauptsächlich wirtschaftliche Gründe und soll den Handel zwischen Brasilien und Peru erleichtern. Diese Verbindung eröffnete die Wälder jedoch auch für Holzkonzerne und weiteren Straßenbau (GEBHARDT et al. 2013: 1258).

Die internationalen Holzkonzerne sind besonders an tropischen Edelhölzern interessiert, die vor allem in den Industrieländern nachgefragt werden. Beim sogenannten *selektiven Holzeinschlag* werden dem Wald nur vereinzelt Edelhölzer (ca. ein bis zwei Stämme pro Hektar) entnommen. Holzgesellschaften argumentieren aus diesem Grund häufig, dass sie keinen großen Anteil an der Zerstörung des Regenwaldes hätten. Der selektive Holzeinschlag führt jedoch zu einer Schädigung des Genpools einer Baumpopulation. Die nachfolgenden Baumgenerationen sind dadurch von geringerer Qualität. Zudem schädigen Fällarbeiten und Transporte die umliegende Waldfläche und eröffnen nachrückenden Pioniersiedlern die Grundlage für weitere Rodungsaktivitäten. In diesem Zusammenhang wird auch von einem sogenannten *Türöffnereffekt* gesprochen (GEBHARDT et al. 2013: 842).

Die Entwaldung im Amazonasgebiet konnte seit dem Jahr 2005 von über 2,5 Millionen ha auf unter 0,5 Millionen ha im Jahr 2012 eingedämmt werden (Abb. 2). Nach Änderungen der brasilianischen Waldgesetzte im Jahr 2012 ist jedoch wieder ein gegenläufiger Trend zu verzeichnen. Seither stiegen die jährlichen Entwaldungsziffern auf über eine Millionen ha im Jahr 2017 (INPE). Mit einem Flächenanteil von 63% Amazoniens, ist Brasilien für die viert höchsten CO_2-Emissionen und die weltweit größten Abholzungsraten verantwortlich (COY & KLINGLER 2008:109). Aus diesem Grund lohnt es sich, einen thematischen Fokus auf diese Region zu legen.

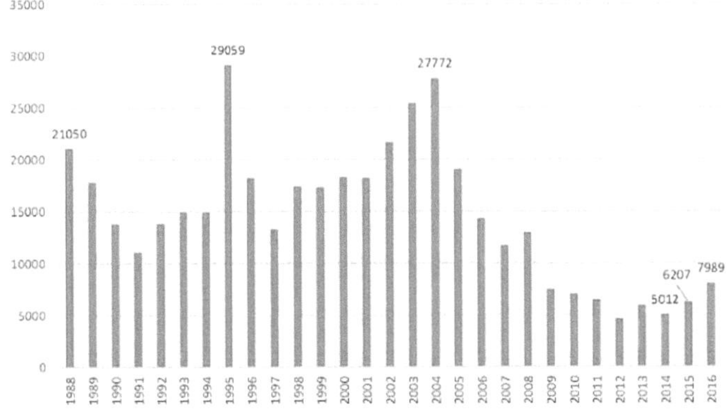

Abb. 2 Entwicklung der Entwaldung in Amazonien (FATHEUER 2017: 2)

Die Entwaldungsraten des Amazonas-Regenwaldes stiegen in den Jahren 2003 und 2004 vor allem in Brasilien enorm an (Abb.2). Dies führte bei dem 2003 ins Amt getretenen Präsidenten *Inacio Lula da Silva* und der Umweltministerin *Marina Silva* zu einem politischen Handlungsdruck. Mit einem Plan zur Bekämpfung der Entwaldung (PPCDAM) sollten stärkere Kontrollen, eine nachhaltige Nutzung und bessere Regulierungen von Landbesitz erreicht werden. In den darauffolgenden Jahren konnte die Waldrodung deutlich eingedämmt werden. An diesem Erfolg sind viele verschiedne Faktoren beteiligt. Es wurden verschärft Kontrollen durchgeführt, verbunden mit entsprechenden Strafen und Sanktionen, um illegalen Aktivitäten vorzubeugen. Bereits bestehende Schutzgebiete wurden ausgeweitet und in Gebieten mit besonders hohen Entwaldungsraten wurden konzentrierte Schutzmaßnahmen durchgeführt (FATHEUER 2017: 10).

Die Erfolge in Brasilien können beispielhaft für das weitere Vorgehen gegen die Entwaldung sein, aus denen wichtige Erkenntnisse und Strategien für die Zukunft gewonnen werden können.

Seit der Verabschiedung des Waldgesetzes im Jahre 2012 steigen die Entwaldungsraten wieder an und fluktuieren zwischen 5000 und 7000 km² pro Jahr mit steigender Tendenz (FATHEUER 2017:12). In der nationalen Klimapolitik hat Brasilien als Klimaziel zugesichert, die Entwaldung bis zum Jahr 2020 auf 3900 km² jährlich zu senken. Der Statistik zufolge scheint das Erreichen dieses Ziels fragwürdig.

Durch eine Flexibilisierung vieler Regeln und einer Amnestie für alle Entwaldungen, die vor dem Jahr 2008 verzeichnet wurden, wurde den Holzgesellschaften ein Schlupfloch für die Legalisierung illegaler Entwaldungen geschaffen. Auch erst später gefällte Bäume werden von Händlern als „vor 2008" registriert und so legal verkauft (ebd.). Mit dem Sturz der gewählten Präsidentin *Dilma Rousseff* zeigen sich immer mehr politische Signale, die sich gegen das Ziel einer Reduzierung der Entwaldung richten. Beispielsweise wurden weniger Mittel für das Umweltministerium der Umweltbehörde IBAMA zur Verfügung gestellt, Schutzgebiete wurden verkleinert und die Anzahl an Kontrollen reduziert (ebd.:13). Damit wurden genau die Strategien eliminiert, die sich bisher im Kampf gegen die Entwaldung als besonders wirksam herausgestellt haben. Man kann also festhalten, dass „Entwaldung [...] nur als Effekt eines komplexen sozialen, ökonomischen und politischen Prozesses gesehen werden" kann (ebd.:14).

Um effektive Maßnahmen gegen die Abholzung zu erreichen ist zudem die Zusammenarbeit aller neun Länder Amazoniens erforderlich. Illegale Rodungsaktivitäten würden andererseits nur auf benachbarte Waldregionen verlagert und nicht konsequent unterbunden werden. Demnach sind abgestimmte Aktionen aller Länder, grenzüberschreitende Gesetze und eine integrierte Politik dringend erforderlich.

3. Auswirkungen der Regenwaldzerstörung

Die Zerstörung des Regenwaldes hat tief greifende Folgen. Dazu zählen die Verminderung der Artenvielfalt, der Verlust an wertvollem Boden, Veränderungen des regionalen und globalen Klimas, sowie soziale und ökonomische Folgen.

3.1 Raubbau-Syndrom

Die Problematik der kommerziellen Holzwirtschaft lässt sich als „Störung oder Fehlentwicklung der Mensch-Umweltbeziehung" identifizieren und kann dem Raubbau-Syndrom zugeordnet werden (WBGU 1996: 120). Das 1996 von dem Wissenschaftlichen Beirat der Bundesregierung Globale Umwelt entwickelte Konzept soll als Beschreibungs- und Analysekonzept in Bezug auf eine nachhaltige Entwicklung dienen. An sich komplexe globale Umwelt- und Entwicklungsprobleme lassen sich so auf eine überschaubare Anzahl von Umweltdegradationsmuster zurückführen (GEBHARDT et al. 2013: 1174). Sogenannte „Krankheitsbilder" werden von verschiedenen Symptomen zusammengesetzt. Diese werden mit ihren Kausalzusammenhängen im Kontext einzelner Syndrommuster dargestellt. „Nur die Kenntnis der kausalen Zusammenhänge der einzelnen Systemteile erlaubt letztlich ein effektives Agieren und Reagieren auf die Problemlagen im Zuge des Globalen Wandels." (CASSEL-GRINTZ & BAHR 2008: 5). Insgesamt lassen sich 16 Syndrome zusammenfassen. Eines davon ist das Raubbau-Syndrom. „Wenn Ökosysteme ohne Rücksicht auf ihre Regenerationsfähigkeit übernutzt werden" spricht man von Raubbau (WBGU 2000: 122). Dabei werden einem Ökosystem aufgrund von kurzfristiger Gewinnorientierung Ressourcen entnommen, die die natürliche Reproduktionsfähigkeit des Systems übersteigt. Es droht eine vollständige Zerstörung des Ökosystems, die häufig mit einem Verlust an Biodiversität einhergeht. Zudem werden direkte und indirekte Schäden in weiteren Umweltbereichen ausgelöst, wie z.B. eine Veränderung der lokalen Wasserbilanz oder Bodenverdichtung. Im Extremfall werden globale Regel- und Stoffkreisläufe verändert. Der Raubbau hat in erster Linie wirtschaftliche Gründe und wird von vielen Staaten toleriert oder sogar aktiv unterstützt. Die Naturressourcen steigern das Einkommen, die Beschäftigung sowie das Steueraufkommen und wirken sich somit positiv auf die Wirtschaft der Region aus. Korruption und Politikversagen spielen dabei ebenso eine große Rolle (ebd.: 267).

Der Ausgangspunkt des Raubbau-Syndroms liegt in der Globalisierung der Märkte. In der Syndromausprägung „Wald" ist dies der Markt für Holzprodukte wie Pappe, Papier, Möbel usw. Im tropischen Regenwald werden Holzarten wie Mahagoni, Limba oder Palisander hauptsächlich aufgrund der hohen Nachfrage in Europa und Nordamerika abgeholzt. Die Ausbreitung westlicher Konsum- und Lebensstile sowie die innovative Technologie der Ressourcengewinnung und -verarbeitung verschärfen das Syndrom (ebd.).

3.2 Regionale Auswirkungen

Die Regenwaldzerstörung wirkt sich in Amazonien sowohl auf ökologischer als auch auf sozioökonomischer Ebene aus.

Wie bereits beschrieben sorgt das lokale Klima in den Tropenwäldern hauptsächlich durch die Evapotransiration der Bäume für Wolkenbildung (siehe Kap.2). Die Wolken reflektieren und absorbieren einen Großteil der Sonnenstrahlung und kühlen die Erde bereits in der Atmosphäre ab. Das große Wasserpotential der Atmosphäre über dem Äquator und der damit verbundene Kühlkreislauf stehen in direkter Wechselwirkung mit dem Regenwald. Durch seine Rodung gerät dieser Kreislauf in Gefahr zusammenzubrechen. Die Sonnenstrahlung dringt ohne den Wald direkt auf den Boden und erwärmt die Erdoberfläche. Ohne Vegetation findet nur vermindert Verdunstung statt, was die Wolkenbildung einschränkt und zu geringeren Niederschlagsraten führt. Lokale Dürren und ausgetrocknete, degradierte Böden sind die Folge.

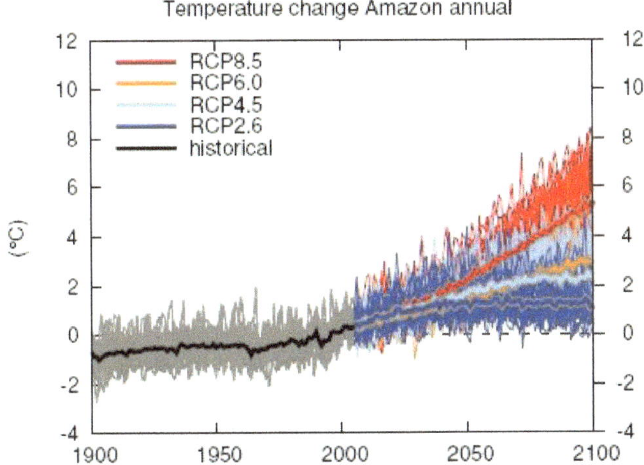

Abb. 3 Änderung der Jahresmitteltemperatur im Amazonasgebiet bis 2100 im Vergleich zu 1986-2005 nach verschiedenen RCP-Szenarien (STOCKER et al. 2013: 1326)

Nach den RCP-Klimaszenarien, die von frei arbeitenden Wissenschaftlern erarbeitet wurden, ergeben sich unterschiedliche Klimamodellrechnungen (Abb.3). Die durchschnittlich errechnete Erwärmung für die Amazonasregion bis zum Jahr 2100 beträgt demnach je nach Modellrechnung 2°C (RCP2.6 Szenario) bis 6°C (RCP8.5 Szenario).

Das A1B Szenario des IPCC prognostiziert besonders im östlichen Amazonasbecken eine deutliche Abnahme der Niederschlagsraten und stärkere Trockenheit (Abb.4). Wie genau sich die Entwaldung auf den Wasserhaushalt auswirken wird, ist nur schwer zu konstruieren. Es ist jedoch mit Wassermangel, einem Rückgang der Nahrungsmittelproduktion, großer Hitze und Waldbränden in der Amazonasregion zu rechnen. Dies ist als große Bedrohung für die ökonomische und physische Existenz der dort lebenden Menschen einzuschätzen (GEBHARDT et al. 2013: 1190).

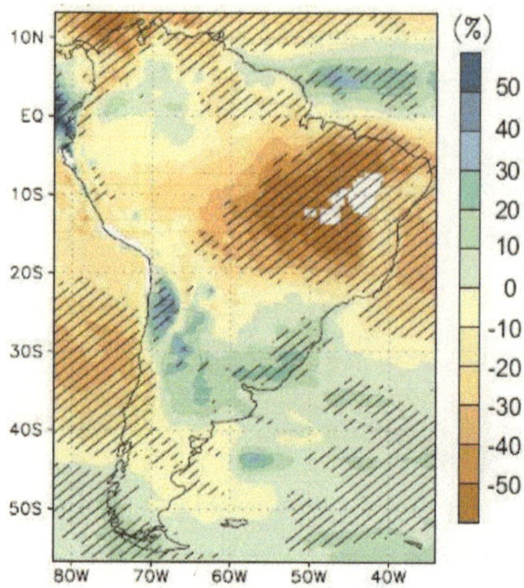

Abb. 4 Niederschlagsveränderungen in Südamerika bis 2100 im Vergleich zu 1961-1990 nach dem Szenario A1B im Juni-August (STOCKER et al. 2013)

Die ökologischen Problemlagen wirken sich auch auf die sozioökonomische Situation der Individuen, insbesondere der indigenen Bevölkerung aus. Traditionelle Stammesvölker verlieren durch die Rodungsaktivitäten großer Holzkonzerne ihre Lebensräume und werden vielfach rücksichtslos umgesiedelt oder vertrieben. Ansässige Kleinbauern und Indianer verfügen meist über keinerlei Besitztitel für ihr Land, was zu Interessenkonflikten und Landnutzungskonkurrenz führt (SIEBERT et al. 2017:3).

Die sozial und ökologisch angepassten Nutzungsweisen, Anbautechniken und Heilmethoden der indigenen Bevölkerung verschwinden zunehmend und die kulturelle Identität und wirtschaftliche Unabhängigkeit geht verloren. Nicht nur direkte ökonomische Einbußen, sondern auch Folgekosten entstehen. Der Verlust an Sekundärprodukten wie Honig sowie Grundstoffen für Arzneimittel, aber auch Engpässe in der regionalen Holzversorgung sind Beispiele dafür (ebd.).

Die Entwaldung nimmt zudem vielen Tierarten ihren Lebensraum und führt zum Artensterben und zu einem Verlust an Biodiversität. Affen, Papageien und Jaguare sind nur einige von vielen bedrohten Tierarten im Amazonas-Regenwald (IUCN 2017).

3.3 Globale Auswirkungen

Ein natürliches Ökosystem setzt sich aus einer Lebensgemeinschaft, aus der Biozönose (Tieren und Pflanzen) und dem Biotop (deren abiotischem Lebensraum) zusammen. Diese sind durch vielfältige strukturelle und funktionelle Wechselbeziehungen verbunden.

> „Unter von außen ungestörten Bedingungen bilden sich dabei bis zu einem gewissen Grade stabile, zur Selbstregulation und Selbstregeneration (‚Reparatur') befähigte Wirkungsgefüge heraus, d.h. die Bestandesumsätze an Stoffen und Energien pendeln sich in Form von dynamischen Gleichgewichten ein und die Bestandesvorräte an organischen und mineralischen Stoffen werden konstant." (SCHULZ 2016: 61).

Ohne den Einfluss des Menschen befindet sich die Erde als geschlossenes System in einem dynamischen, natürlichen Gleichgewichtszustand. Bei der Veränderung äußerer Einflüsse werden die Umweltbedingungen innerhalb relativ enger Grenzen durch Rückkopplungen in den Wechselwirkungen chemischer, physikalischer und vor allem biologischer Prozesse selbst stabilisiert.

Der Eingriff des Menschen in das natürliche Ökosystem des Regenwaldes nimmt jedoch so große Ausmaße an, dass die selbstregulierenden Mechanismen gestört werden. In der Literatur wird die Zerstörung des Amazonas-Regenwaldes mehrfach mit einem *Kipppunkt* (Tripping Point) assoziiert. Dieser soll verdeutlichen, dass sich der Zustand des Ökosystems an einer kritischen Grenze befindet. Falls dieser Punkt überschritten wird, hätte dies irreversible Folgen (NEPSTAD 2007: 5).

Wälder gehören zu den größten CO_2–Speichern der Erde und sind, wie bereits erläutert, ein wirksames Mittel gegen den Klimawandel. Demnach existiert eine Art Wechselwirkung zwischen den regionalen und globalen Klimaveränderungen.

Aufgrund der Erderwärmung, die durch den Verlust an tropischen Regenwäldern, wie dem Amazonas-Regenwald, verstärkt wird, rechnet das IPCC auf globaler Ebene mit zunehmenden extremen Wetterereignissen und einer Steigerung atmosphärischer Gefahren. Die Erderwärmung wirkt sich auch auf andere Geosphären wie die Hydrosphäre aus. Aufgrund der Ausdehnung des erwärmten Oberflächenwassers der Weltmeere und des Abtauens der Gebirgsgletscher und Eisschilde wird der Meeresspiegel voraussichtlich weiter ansteigen. Durch eine steigende Meerestemperatur sinkt zudem die Fähigkeit des Wassers, Kohlendioxid zu speichern, was zu einer weiteren Verstärkung des Treibhauseffekts führt. Sollte die thermohaline Zirkulation im Nordatlantik tatsächlich unterbrochen werden, würden die Temperaturen Prognosen zufolge in Europa rapide fallen, da der Einfluss des warmen Golfstroms wegfiele (SCHULZ 2016.: 287).

Wirtschaftlich gesehen entstehen durch den Verlust an Biodiversität jährlich kaum abschätzbare Folgekosten. Laut der Studie TEEB – The Economics of Ecosystems and Biodiversity sind jährlich mit Kosten in Höhe von bis zu fünf Billionen Dollar zu rechnen. Diese sind auf die natürlichen und normalerweise kostenlosen Ressourcen der Natur zurückzuführen, die im Zuge der Waldrodungen verloren gehen; Trinkwasser, Nahrung, Kohlendioxidspeicherung und nachwachsende Rohstoffe sind einige Beispiele dafür. Besonders betroffen sind davon vor allem Entwicklungs- und Schwellenländer, die nicht über die geeigneten Mittel verfügen, um diese Verluste auszugleichen (SIEBERT et al. 2002).

4. Fazit

Globale Umweltzerstörungen, wie es beim Raubbau am Amazonas-Regenwald geschieht, sind vor allem auf den Lebensstil und die Wirtschaftsprozesse in Industrieländern zurückzuführen. Besonders für Entwicklungs- und Schwellenländern sind die Deviseneinnahmen, die sie aus Exporterlösen aus dem Verkauf von Agrar- und Forstprodukten erwirtschaften, eine wichtige Einnahmequelle. Kurzfristige Gewinnorientierung und fehlendes Umweltbewusstsein führen dazu, dass die natürlichen Ressourcen eines Landes rücksichtslos aufgebraucht werden.

Der kommerzielle Holzeinschlag ist nur eine von vielen Ursachen, die zur Zerstörung des Amazonas-Regenwaldes beiträgt. Insbesondere die Sekundärfolgen, die sich dabei durch den *Türöffnereffekt* und die

Walderschließung ergeben, führen zu weiteren großflächigen Rodungsaktivitäten des Regenwaldes.

Zusammenfassend lässt sich sagen, dass die Abholzung des Amazonas-Regenwaldes aufgrund seiner ökologischen Komplexität und globalen Klimafunktion den Klimawandel stark beeinflussen kann. Bereits kleine Veränderungen können das Ökosystem aus seinem Gleichgewicht bringen und regional sowie global weitreichende Folgen verursachen. Durch die entwaldeten Landflächen wird eine klimatische Kettenreaktion ausgelöst; Die Dürregefahr steigt, die Kohlenstoffdioxidkonzentration in der Luft nimmt zu und die globale Erderwärmung verstärkt sich.

Um der fortschreitenden Entwaldung entgegenzuwirken, haben sich in der Vergangenheit vor allem nationale Gesetze für eine nachhaltige Nutzung und bessere Regulierungen von Landbesitz bewährt, sowie stärkere Kontrollen verbunden mit entsprechenden Strafen und Sanktionen, um illegalen Rodungsaktivitäten vorzubeugen. Ebenso ist die Ausweisung von Schutzgebieten eine wichtige Maßnahme, um den bedrohten Wald vor Ort zu schützen. International müssen Staaten und Länder enger zusammenarbeiten und kooperieren, um dem illegalen Handel mit Tropenholz entgegenzuwirken.

Ein Beispiel für eine länderübergreifende, internationale Schutzmaßnahme ist die Einführung von sogenannten Holzsiegeln, worauf an dieser Stelle kurz verwiesen sei. Um den Endkonsumenten beim Kauf von nachhaltig gewonnenem Holz zu unterstützen und zu einem umweltbewussten Kaufverhalten anzuregen, wurden bereits verschiedene Holz- und Waldsiegel entwickelt. Diese sollen für eine verantwortungsvolle, nachhaltige, umweltfreundliche und sozial förderliche Waldbewirtschaftung stehen und dem Käufer suggerieren, dass er das zertifizierte Holz mit gutem Gewissen kaufen kann. Der Grundgedanke hinter diesen Zertifizierungssystemen ist zunächst positiv, allerdings ist die erfolgreiche Umsetzung umstritten. Neben wenigen international anerkannten Zertifizierungssystemen wie dem FSC, existieren viele weitere Siegel, die aufgrund ihrer Vielzahl jedoch nicht auf Validität überprüfbar sind. Aber auch die Standards des FSC sollten kritisch hinterfragt werden. Zwar definiert sich das FSC über eine ökologisch verantwortungsvolle und sozial verträgliche Waldbewirtschaftung, ihre Interessen sind aber dennoch der Industrie angepasst und auf wirtschaftlichen Profit ausgerichtet (SAYER et al. 2013:6). Als Beispiel seinen an dieser Stelle die Korruptionsvorwürfe von Umweltbehörden an die Zertifizierungsorganisation FSC geannt. Laut Umweltschützern sollen einige Zertifizierer im Auftrag von Holzgesellschaften arbeiten und von ihnen finanziert und bezahlt werden. Im Internet berichten sie über Betrugsfälle und Proteste gegen unangemessene Zertifizierungen (www.fsc-watch.org).

Um ein ökologisch glaubwürdiges und nachhaltiges System gewährleisten zu können, müssten regelmäßige Kontrollmaßnahmen und Überprüfungen der Standards von unabhängigen Institutionen durchgeführt werden.

Für die Zukunft Amazoniens wird es eine wichtige Herausforderung sein, eine nachhaltige Land- und Forstwirtschaft zu gewährleisten, mit der die wachsende Bevölkerung ernährt werden kann. Wissenschaftler forschen bereits seit einigen Jahren daran, die durch die Waldrodungen nährstoffarmen Böden wieder in dunkle humusreiche Böden zu verwandeln (LIMA et al. 2002: 5).

Zudem ist sowohl in den Industrieländern als auch bei der Bevölkerung vor Ort ein Umdenken hin zu einer umweltbewussten Lebens- und Denkweise dringend erforderlich. Der Regenwald sollte als natürliches Ökosystem unberührt, geschützt und erhalten bleiben und nicht von Menschen besiedelt, zivilisiert und aufgrund seiner Ressourcen ausgebeutet werden. Als beispielhaftes Vorbild könnte das Wissen der indigenen Urvölker genutzt werden, um in einer nachhaltigen und umweltfreundlichen Weise im Einklang mit der Natur zu leben und zu wirtschaften.

5. Literatur- und Quellenverzeichnis

Coy, M., Klingler, M. 2008. Pionierfronten im brasilianischen Amazonien zwischen alten Problemen und neuen Dynamiken. In: Insbrucker Bericht. 10, 109-129.

Coy, M., Neuburger, M. 2002. Brasilianisches Amazonien. Chancen und Grenzen nachhaltiger Regionalentwicklung. Geographische Rundschau. 54, (11), 12-20.

Gebhardt, H., Glaser, R., Radtke, U., Reuber, P. 2012. Geographie. Physische Geographie und Humangeographie. Spektrum: Heidelberg.

Fatheuer, T. 2017. Amazonien Dossier: Entwaldung. „Entwicklung und Widerstand – Der Kampf um den größten Regenwald der Welt. FDCL-Verlag, Berlin.

Lima, H. N., Schaefer, C. E., Mello, J. W., Gilkes, R. J., & Ker, J. C. 2002. Pedogenesis and pre-Colombian land use of "Terra Preta Anthrosols" ("Indian black earth") of Western Amazonia. In: Geoderma, 110 (1-2), 1-17.

Nepstad, D. C. 2007. Der Teufelskreis am Amazonas. WWF International. Gland, Schweiz.

Schultz, J. 2016. Die Ökozonen der Erde. UTB.

Siebert ,S., Uhlenbrock, K., Hebold, W., Pyritz, E. 2002. Ursachen und Folgen der Zerstörung der Tropischen Regenwälder. Klett, Leipzig.

Spreitzhofer, G. 2003. Brennpunkt Regenwald: Ökologische und sozioölonomische Wurzeln der Rodung Südostasiens. In: Feldbauer, P. Husa, K., Korff, K. (Hrsg). Südostasien. Gesellschaften, Räume und Entwicklung im 20. Jahrhundert. Wien. 93-113.

Stocker, T. F., Quin, D., Plattner, G., Tignor, M., Allen, S., Boschung, J., Nauels, A., Xla, Y., Bex, V., Midgley, P. 2013. Climate Change 2013. The Physical Science Basis. Contribution of Working Group I to the Fith Assesment Report of the Intergovernmental Panel on Climate Change. Cambridge University Press, Cambridge, United Kingdom and New York.

WBGU 2000. Erhaltung und nachhaltige Nutzung der Biosphäre. Springer-Verlag, Berlin Heidelberg. 276-277.

Weitere Quellen

WWF 2018. Die schwindenden Wälder der Welt. Zustand, Trends und Lösungswege. WWF-Waldbericht 2018.

IUCN 2017. Red List. http://cmsdocs.s3.amazonaws.com/summarystats/2017-3_Summary_Stats_Page_Documents/2017_3_RL_Stats_Table_1.pdf, 2018-07-17.

Kasang, D. 2017. http://bildungsserver.hamburg.de/regionale-projektionen/4444276/amazonasgebiet/ 2018-08-01.

Sayer, U., Müller, E., Waack, R. Paloa, E. 2013. FSC Fußspuren. Auswirkungen des FSC in den Tropen. 6-48.